孩子的第一套安全自救书

在家里

平安成长比成功更重要

彭桂兰 主编

U0257546

农村读物出版社

平安成长比成功更重要

——编者序

　　根据专家调查结果发现，由于儿童本身的自制能力差，活泼好动，好奇心强，再加上社会的高速发展和环境的不断改变，近年来，我国少年儿童的伤亡率越来越高，加强少年儿童的自我保护意识已经迫在眉睫。

　　家长对孩子的关心，排在第一位的就是安全，第二是健康，第三才是成绩。因为没有安全，其他的都无从谈起。

　　从家庭到校园，再到户外，每个场所都有可能潜伏着危险。本套书站在少年儿童的角度，用生动有趣的漫画加上轻松活泼的游戏方式，把丛书分为三个系列——在家里、在学校、在户外篇。分别向小朋友讲述面对不同场景、不同情况下安全自救的基本常识。让小朋友在轻松愉快的阅读中，学到自我保护的本领，健康成长。

目录

Contents

目录
Contents

目录

Contents

1 桌子上放着几个又大又红的苹果。

哈哈，我最喜欢吃苹果了！

2 丁丁放学回家，看到桌子上有几个苹果。

真甜！

3 丁丁高兴地抓起苹果就吃。

哎哟！肚子好疼啊！

4 过了一会儿，丁丁的肚子开始疼了起来。

刚买的水果不能急着吃，因为它们的表皮常常残留农药、增光剂、防腐剂等不干净的东西，要清洗干净，否则吃了很容易生病。

吃水果的正确方法：

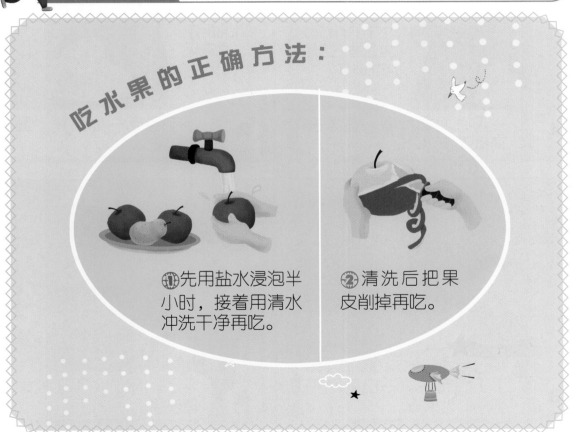

①先用盐水浸泡半小时，接着用清水冲洗干净再吃。

②清洗后把果皮削掉再吃。

02 吃果冻噎住了

丁丁，看奶奶给你带什么好吃的来了？

1 一天，奶奶拎着一袋零食来看丁丁。

奶奶最好了，知道我爱吃果冻。

2 丁丁看到一堆果冻，眼睛直放光。

真好吃！

3 丁丁仰起头，一口就吃下了一个大果冻。

咳……咳……

4 坏了，坏了！丁丁被果冻噎住了。

小朋友，你知道吗？果冻闻起来香香的，吃起来甜甜的，但是如果被果冻噎住了，堵住了气管就会随时有生命危险哦！

被果冻噎住的处理方法：

1. 一只手握成拳头，放在肚脐上方；
2. 另一只手抓住握拳的手；
3. 用腹部顶住桌角或椅背，向上挤压。
4. 这时，千万不能喝水，以免水吸入气管。

03 鱼刺卡住喉咙了

1 傍晚，丁丁一家人坐在饭桌前吃饭。

2 丁丁津津有味地吃着鱼。

3 突然，丁丁被鱼刺卡到喉咙了，他咳了一下，好在咳出来了。

4 爸爸赶紧拍了拍丁丁的背，丁丁终于好多了。

小朋友，如果你跟丁丁一样，不小心被鱼刺卡到喉咙，下面哪些能做哪些不能做，为什么？

继续进食，用食物把鱼刺推下去。 ✗

用手指或筷子轻轻刺激舌根，引起呕吐，把鱼刺吐出来。 ✓

如果鱼刺还是卡在喉咙里，赶紧去看医生。 ✓

1 桌子上摆着一块昨天吃剩的蛋糕，周围有苍蝇在飞。

2 丁丁觉得丢掉太可惜了。

3 丁丁吃完后，摸着肚子好开心。

4 可是，没过一会儿，丁丁的肚子就痛起来了。

小朋友，过期、变质的食物一定不能吃，否则会像丁丁那样出现食物中毒症状。食物中毒后该怎么做呢？让我们一起来学习一下吧！

① 喝一杯淡盐水。

② 用手指抠喉咙，把吃的东西吐出来。

③ 有发烧、上吐下泻的症状，要马上去医院。

05 液体不乱喝

1 桌子上有一个装着液体的瓶子。

2 丁丁以为是妈妈买回来的饮料。

3 丁丁拿起瓶子,一口气喝掉了一大瓶。

4 喝完没多久,丁丁已经晕乎乎,走路都走不稳了。

饮料瓶里不一定装的就是饮料哦，小朋友，你记住了吗？对于不明液体，该怎么处理呢？赶紧来学习一下吧！

①不要随便喝饮料瓶子里的液体，喝前一定要问过爸爸妈妈。

②如果不小心喝了不该喝的，马上用手指抠喉咙，把喝的东西吐出来。

③如果感到不舒服，要及时去医院。

1　丁丁打球回来满头大汗，感觉口很渴。

2　丁丁走到饮水机前。

3　丁丁突然想起水龙头一开就有自来水。

4　丁丁打开了水龙头，张开嘴巴大喝了几口。

小朋友，直接喝自来水可是不对的哦！水是否干净，光用眼睛看是很难分清的。清澈透明的水，也可能含有病菌、微生物和病毒哦！

①把自来水烧开后再喝。

②喝了未烧开的自来水，感觉肚子痛时要去医院就医。

07 有毒的"糖果"

1 丁丁在抽屉里发现几颗彩色的"小糖豆"。

2 丁丁以为那是糖果。

3 丁丁一把抓起"小糖豆",一股脑儿吞了下去。

4 不一会儿,丁丁的头开始晕乎乎的了。

小朋友，像糖果的东西不一定就是糖果哦。如果不小心把药片当成糖果吃了，怎么办？看看下面的建议吧！

①告诉爸爸妈妈。

②喝点米汤或者牛奶、豆浆之后催吐。

③去医院看医生。

1 丁丁打开一包饼干。

2 饼干的包装袋里面掉出来一个小袋子。

3 那是一包干燥剂，可丁丁并不知道。

4 丁丁正准备往嘴里送，爸爸拉住了他的手。

安全一点通

干燥剂一般都放在食品袋里，不过，它可不是食物哦！小朋友，如果你不小心把干燥剂吃进肚子里了，应该怎么办呢？

①如果是粉末状或者块状干燥剂，可以喝水或者牛奶稀释，再去看医生。
②如果是透明或者彩色颗粒状干燥剂，一般情况下不用处理，如有头晕、呕吐的症状，应及时去看医生。

1 丁丁在家里找到了一个塑料袋。

2 丁丁把塑料袋套在头上玩。

3 丁丁套上塑料袋满屋子乱跑，很开心。

4 塑料袋蒙住了丁丁的嘴巴和鼻子，让他呼吸困难起来。

塑料袋用起来很方便，玩起来就很危险了。如果把它套在头上，会引起呼吸困难，严重的会导致窒息甚至死亡。

①不要把塑料袋套在头上玩，以免袋口越勒越紧。

②发现自己或小伙伴被塑料袋套住头时，马上撕开袋子，露出鼻子和嘴。

③如果塑料袋不容易撕开，要向身边的人求助，或找到儿童剪刀剪开袋子。

10 微波炉也"挑食"

大家好，我是微波炉先生！

1 丁丁家有一个方方正正的微波炉。

2 丁丁用餐巾纸把红薯包起来放进了微波炉里烤。

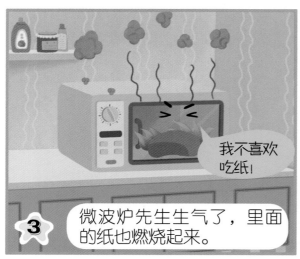

我不喜欢吃纸！

3 微波炉先生生气了，里面的纸也燃烧起来。

啊！救命！

4 丁丁吓得大叫起来。

微波炉是厨房的好帮手，但它很"挑食"哦！下面这些东西哪些是微波炉先生不喜欢"吃"的，请帮忙挑出来。

板栗

铁锅

罐头

面包

奶瓶

11 不打扰电风扇工作

1 夏天来了，爸爸给丁丁买了一台小电扇。

2 丁丁很好奇，往里面塞了一根绳子。

3 绳子一下全被缠到风扇里面去了。

4 电风扇不高兴了，它生气地停止了工作。

安全一点通

电风扇的脾气可真不好啊！所以，小朋友们在使用它的时候，可千万要注意安全哦！那么，小朋友，你会正确使用电风扇吗？

❶ 不要离电风扇太近，以免将头发或者衣服卷进风扇，发生危险。

❷ 电风扇在工作时，不能用手指去触摸风扇叶片，否则会打伤或者打断手指。

❸ 洗完手后，把手擦干，再开启、关闭电风扇，以免触电。

12 洗衣机里不能玩

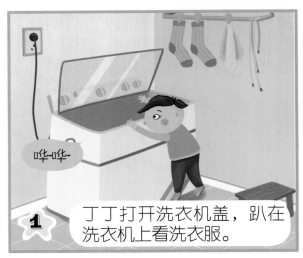

1 丁丁打开洗衣机盖，趴在洗衣机上看洗衣服。

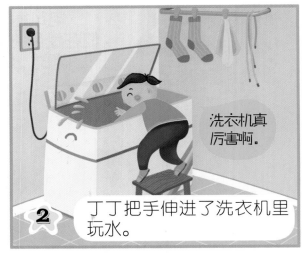

2 丁丁把手伸进了洗衣机里玩水。

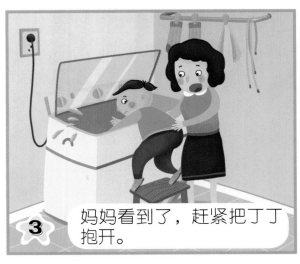

3 妈妈看到了，赶紧把丁丁抱开。

4 妈妈告诉丁丁这样做十分危险。

洗衣机在工作时，如果把手伸进去，手可能会和衣服缠在一起，十分危险。下面这些机器在工作时，同样不可以用手去触碰哦！

电暖气：不要碰我的叶片，我在工作！

料理机：不要碰我，我高速运转，我在工作！

电熨斗：不要碰我，我很烫，我在工作！

13 电源插座别触摸

1 丁丁放暑假在家。

2 风扇没有开，丁丁走过去瞧一瞧。

3 桌子旁边有个插线板，丁丁也去看一看。

4 墙上有一个插座，丁丁想用手指试试，被妈妈及时制止了。

插座里面有电，是不能直接用手去摸的。下面丁丁示范的做法，哪个是对的？哪个是错的？请在图内小圈处作标记。

①DVD不工作，丁丁用带水的手去检查插座。

②玩拔插电器插头的游戏。

③丁丁不玩插头，乖乖看电视。

14 温度计打碎了

来，妈妈给你量一下体温！

1 丁丁生病了，妈妈给他量体温。

我不喜欢冰凉的温度计。

2 丁丁不愿意，不小心把体温计摔碎了。

妈妈，对不起，我这就将它扫干净！

3 丁丁马上从床上爬起来去打扫。

别碰，很危险！

4 妈妈马上拉住了他。

温度计里的液体叫作"汞"，也称为"水银"，是有毒的。它对人体的伤害非常大，如果不小心打碎了温度计，一定要小心对待。

①不要直接用手接触温度计里的液体和碎玻璃渣。

②打开窗户通风。

③如家里没有大人，暂时把玻璃渣扫到墙角，用抹布或纸盖上，等大人回家再处理。

15 突然停电别害怕

1 丁丁和灵灵坐在沙发上看电视。

2 突然停电了，屋子里漆黑一片，灵灵吓得哇哇大哭。

3 丁丁想出了一个好办法。

4 丁丁打开手电筒，屋里有了亮光，灵灵笑了。

小朋友，一个人在家或没有大人在家时，突然停电时不要害怕，快看看下面的方法吧，一定会对你很有帮助！

①去邻居家请求帮助，看看是不是电路跳闸了。

②打开手电筒照明，不要点蜡烛，以免起火。

③站到有亮光的地方去。打电话给爸爸妈妈。

16 打火机不要玩

1 丁丁坐在地上玩玩具。

2 玩具堆里有一个打火机。

3 丁丁打燃了打火机，觉得很好玩。

4 一不小心把沙发点着了，丁丁吓得不知所措了。

小朋友，玩火是非常危险的事情，一不留神就会引起火灾。你独自在家的时候，千万要记住下面这些事情不能做哦！

①不要点蜡烛。

②不使用灶具。

③不玩打火机。

④不在室内燃放烟花爆竹。

17 家具也伤人

1 丁丁有一张方方的小书桌。

2 丁丁平时经常在书桌前写作业、看书。

3 丁丁弯腰捡书的时候不小心撞到书桌上了。

4 丁丁疼得"哇哇"大哭。

小朋友，家里的家具有些有尖角，存在危险，你可要多留心啊！看看下面的图，哪些做法对，哪些做法不对，请你指出来。

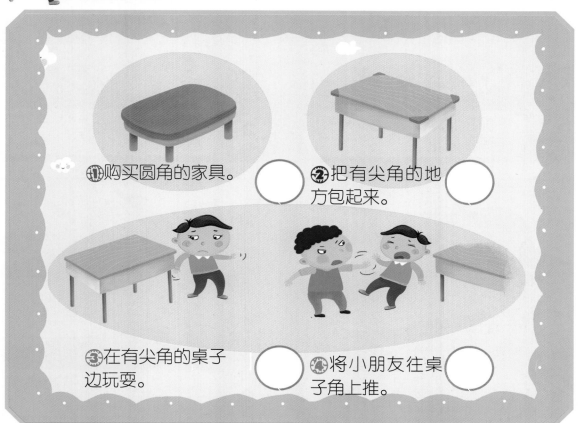

① 购买圆角的家具。　〇

② 把有尖角的地方包起来。　〇

③ 在有尖角的桌子边玩耍。　〇

④ 将小朋友往桌子角上推。　〇

1 午睡的时候，蚊子吵得丁丁睡不好觉。

还好可以点蚊香。

2 丁丁在床边点上了一盘蚊香。

3 丁丁将蚊香放在床头柜上，继续睡觉。

啊！蚊香烧柜子了！

4 蚊香的火把柜子都烤焦了，还冒着烟。

夏天的蚊子真是多啊，小朋友肯定首先会想到点蚊香来驱蚊。现在来找一找，看看下面谁使用蚊香的做法正确呢？对的请打"√"。

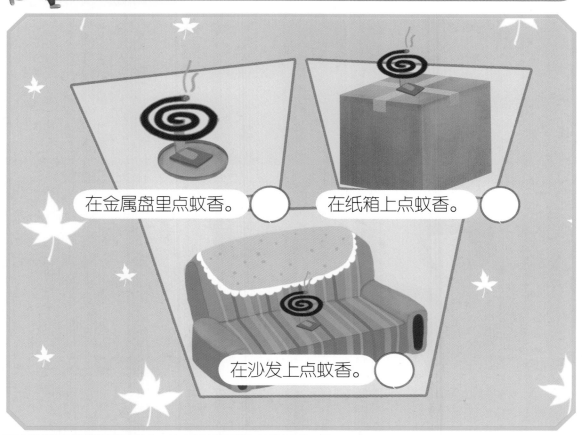

在金属盘里点蚊香。 ○

在纸箱上点蚊香。 ○

在沙发上点蚊香。 ○

19 玩具要随手收拾

1 一天，丁丁在客厅追着小狗玩。

2 忽然，丁丁一不小心踩到什么东西，摔倒了。

3 妈妈扶起他，原来丁丁踩到了遥控赛车。

4 妈妈告诉丁丁，玩具用完就要随手收拾。

安全
一点通

玩具玩完之后不收拾整齐，也会给你带来不小的麻烦哦！下面小朋友的做法，你比较喜欢哪一个，为什么？

①在乱糟糟的玩具堆里玩。

②把玩具摆放得整整齐齐。

1 丁丁坐在地上玩串珠子的游戏。

我的鼻孔可以喷珠子。

2 丁丁把珠子塞进鼻孔里玩喷珠子的游戏。

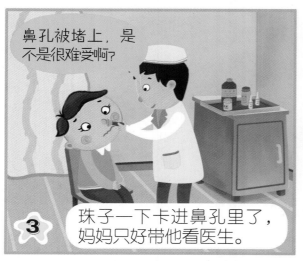

鼻孔被堵上，是不是很难受啊？

3 珠子一下卡进鼻孔里了，妈妈只好带他看医生。

我以后再也不把玩具塞在鼻子里面了。

4 珠子被取出来了，可是丁丁的鼻孔里变得又红又肿。

安全小游戏

玩玩具的时候，把玩具塞到鼻子里面是非常危险的。下面这些小朋友的行为也很危险吗？请把有危险的圈出来。

①乖乖玩玩具。

②把珠子放在耳朵里。

③在屋子里面玩滑板。

1 妈妈的化妆品真多，婷婷也想涂涂口红打扮一下。

2 光涂口红还不够，婷婷又打了一点粉。

3 镜子里的自己真漂亮，婷婷心里美滋滋的。

4 可是，没过多久，婷婷的脸蛋变得又红又痒。

小朋友的皮肤太娇嫩，使用妈妈的化妆品会伤害你的皮肤。如果乱用了妈妈的化妆品，赶紧跟我学学怎么办吧！

儿童霜

① 用纸巾擦干净。

② 用温水清洗。

③ 抹上自己的儿童霜。

22 不学爸爸剃胡须

1 丁丁看爸爸在卫生间剃胡子，非常羡慕。

我也是男子汉，我要剃胡须。

2 这一天，爸爸不在家，丁丁拿起刮胡刀学剃胡须。

我的胡须呢？

3 丁丁学着爸爸的样子，在嘴巴边上涂上泡沫，

哎哟！流血了！

4 胡须没刮到，丁丁的脸却被刮伤了。

爸爸妈妈的东西可不是随便乱用的哦!
下面这些小朋友的做法, 你认为哪些是不
值得学习的? 在旁边打一个"×"。

❶穿妈妈的高跟鞋走来走去。

❷涂妈妈的指甲油。

❸穿爸爸的裤子到处乱走。

23 地板真滑呀

1 妈妈用墩布（拖把）把家里的地板弄得非常干净。

2 丁丁光着脚丫在屋里跑来跑去。

哎哟！

3 一不小心滑倒了。

地板刚拖完，又湿又滑。你慢点走！

4 妈妈赶紧扶起丁丁。

小朋友，越是光滑的地板越容易摔跤哦！为了防止滑倒，跟我一起学习一下，应该怎么做吧：

1 不光脚在地板上快步走。
2 不在地板上奔跑、蹦跳。

24 厨房里面危险多

1 妈妈在厨房炒菜，丁丁抱着妈妈的腿缠着她。

2 锅里的油太旺，一下溅到了丁丁的胳膊上。

3 丁丁大哭，妈妈赶紧用水给他冲洗。

4 丁丁再也不敢在大人做菜时到厨房里去玩了。

小朋友，厨房是爸爸妈妈做饭的地方，可不是小朋友玩耍的地方呢！在厨房里面，哪些行为是不安全的？快来认识一下吧！

① 开水瓶有危险，乱碰会被烫伤。

② 把打火机拿到厨房玩，可能会引发火灾。

③ 不玩菜刀、水果刀，它们可能会割伤人。

1 妈妈要出门买菜，交代丁丁水烧开叫爸爸关火。

2 没过多久，水烧开了，水壶发出鸣笛声。

3 丁丁看爸爸正忙，就自己去关火，无意中被壶把烫了手。

4 这时，妈妈正好回来了，赶紧给丁丁做示范。

小朋友，为了防止烫伤，请远离热水瓶、火锅、汤锅、热水壶等物品。如果不小心被烫伤，一定要记得下面这些正确的处理方法：

①用冷水冲洗烫伤的地方，时间不少于30分钟。

②在大人的指导下涂抹烫伤药，不随便使用酱油和牙膏。

26 洗涤剂进了眼睛

1 丁丁在洗苹果。

用洗涤剂洗一下，会干净些!

2 丁丁在苹果上挤了几滴果蔬洗涤剂。

啊!

3 冲洗的时候，洗涤剂溅进了丁丁的眼睛。

好难受啊!

4 丁丁捂住眼睛难受极了。

小朋友，洗涤剂是家里经常用到的东西，如果不小心弄到了眼睛里，会很难受。让我教你怎么处理吧！

①不要用手揉眼睛。

②用大量的清水冲洗眼睛，洗的时候不断地眨眼。

③如果还感到不舒服，就去医院。

1 丁丁和灵灵在玩游戏。丁丁拿出了一双筷子。

2 灵灵拿起一把水果刀，向丁丁比划。

3 俩人拿着"兵器"打闹着。

4 灵灵舞着水果刀不小心弄伤了丁丁，丁丁大哭起来。

安全一点通

小朋友，菜刀、水果刀、剪刀等刀具很锋利，使用不当会给小朋友们带来危险。针对它们，我们平时应该要注意些什么呢？

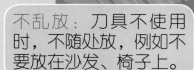

不乱放： 刀具不使用时，不随处放，例如不要放在沙发、椅子上。

妥善保管： 刀具要妥善保管。不要把尖锐的部位暴露在外。

使用时： 使用刀具时要专心，以免刀口伤到自己

玩耍时： 不拿刀具当玩具来打闹、互相开玩笑，以免误伤别人或自己。

这是什么气味啊？

1 屋子里有什么气味？丁丁使劲儿用鼻子闻着。

嗤——

2 等走到厨房时，丁丁发现是液化气漏气了。

不要打，会爆炸的！

3 丁丁打算打电话报警，妈妈制止了他。

我们出去透透气！

4 妈妈赶紧关闭了液化气阀门，打开窗户透气。

发生液化气或天然气泄露是一件很危险的事，小朋友一定记住下面这些正确的处理办法：

①用湿毛巾捂住鼻子和嘴巴。

②打开窗户，让空气流通。

③不要立刻打电话、开关电灯或其他电器。因为它们产生的火花会使液化气或者天然气燃烧，可能引起爆炸。

29 捉迷藏不乱藏

1 丁丁、灵灵和婷婷三人一起玩捉迷藏。

2 灵灵和婷婷马上藏起来了，丁丁开始找她们。

3 丁丁在门后面找到了灵灵，可婷婷在哪里呢？

4 丁丁打开衣柜一看，婷婷已经憋得喘不过气了。

在家里玩捉迷藏，不管是藏在床底、衣柜，都会存在着危险。如果被困在衣柜里了，你可以这样帮助自己：

① 不要惊慌，你可以敲打衣柜门，引起外面人的注意。

③ 如果困在衣柜感到头晕、呼吸困难，可以尽量贴近衣柜缝隙处呼吸，以免造成窒息。

1 妈妈在浴室给丁丁洗澡。

2 这时，客厅里的电话铃声响了。妈妈要去接电话。

3 丁丁坐在澡盆里面玩，他的小鸭子掉到了地上。

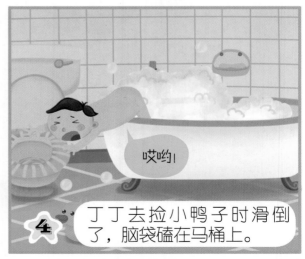

4 丁丁去捡小鸭子时滑倒了，脑袋磕在马桶上。

小朋友，你知道吗？浴室其实也是一个危险最多的地方呢。危险的浴室，我们应该如何来保护自己呢？到下图中寻找答案吧！

①去浴室的时候穿上拖鞋，防止滑倒。

②不要在浴室玩耍、蹦跳，以免摔倒。

③手湿的时候不要接触电源。

31 水龙头不要玩

1 丁丁在洗脸盆里玩水。

2 水龙头的水被他开了又关，关了又开。

3 水龙头一下松动了，水像喷泉一样喷了出来。

4 丁丁想用抹布去堵上，结果反而被水冲了一脸。

小朋友，水龙头不能随便玩哦，不然坏了可就麻烦了。下面小朋友做的事，哪些做得对呢？请指出来。

①小心地在水龙头下洗菜洗水果。

②在水龙头下洗拖把，水花四溅。

③在水龙头下玩水，地板全湿了。

32 洗澡要有大人在

1 今天妈妈不在家，丁丁想要自己洗澡。

2 丁丁脱掉衣服，开始研究怎么放水。

3 开关找到了，丁丁打开水，准备洗澡。

怎么没有热水？冷死我了！

4 没想到放出来的是冷水，丁丁抱着身子冷得发抖。

家里如果没有大人在，千万不要单独去浴室洗澡哦。去浴室洗澡时，还要注意哪些事情，你知道吗？快来学习一下吧。

①洗澡前，请家人把水温试好。洗澡时间不宜过长，避免头晕。

②进入浴缸后，抓住浴缸边缘，防止滑倒、碰伤或呛水。

1 丁丁搬了一张凳子到阳台上取衣服。

2 衣服被夹住了，丁丁取不下来。

3 丁丁用力一拉，身子歪了一下，摔在地上。

4 丁丁坐在地上，吓得一头冷汗。

刚才好险啊！

阳台很危险，在阳台上活动时一定要注意安全哦！下面这些事情在阳台上都不能做，小朋友，你一定要记住哦！

①踩在不稳固的物体上。　②身体过多地探出阳台。

③在阳台上追赶打闹。　④从阳台上往下扔东西。

34 我被反锁在家里

丁丁，一起去踢球吗？

1 丁丁站在窗台前，小伙伴们在楼下跟他打招呼。

好啊！你们等等我！

2 丁丁爽快地答应了。

家里的门怎么锁上了？

3 丁丁想要开门出去，发现门被锁上了。

不要爬，太危险了！

4 丁丁想从窗户上爬下去，小伙伴们连忙阻止了他。

小朋友，如果你发现自己被反锁在家里，不要慌张，不要去做下面这些事情：

①不要攀爬阳台或窗户。

②给爸爸妈妈打电话，让他们知道你被反锁在家了。

③不要把钥匙交给别人帮你开门。

73

35 安全养宠物

1 小狗在睡觉，丁丁想要叫醒它。

你怎么不跟我玩啊?

2 丁丁一把抱起被他强行弄醒的小狗。

我们来玩游戏吧!

3 愤怒的小狗突然转过头咬了丁丁的手。

妈妈快来呀，小狗咬我啦!

4 丁丁大哭。

小宠物是我们特殊的"家庭成员"，但是它们并不是时时刻刻都很友好的。跟它们在一起，要注意哪些安全呢？一起来学习一下吧！

①摸过宠物后，立即洗手。

②身上有伤口时，不能接触宠物。

③不要抱着宠物一起睡觉。

④被宠物抓伤、咬伤，立即注射狂犬疫苗。

36 我生病发烧了

1 丁丁在做作业，老是觉得浑身难受。

好烫啊!

2 丁丁摸了摸自己的额头，像是发烧了。

妈妈你快点回来，我好像发烧了。

你先在床上躺一会儿，妈妈马上回来。

3 丁丁马上给妈妈打电话。

4 丁丁乖乖地躺在床上休息，等妈妈回来。

小朋友，一个人在家时生病发烧了，这种感觉可真难受啊！对付感冒发烧，我有一些小妙招，赶快跟我学习一下吧！

①把湿毛巾敷在前额，在床上睡一会儿。

②脱掉过多的衣服，可以散热。

③多喝开水。

1 丁丁在沙发底下发现一根漂亮的绳子。

绳索真好玩。

2 丁丁把绳子一圈一圈缠在身上玩。

这下怎么办啊?

3 糟糕!绳子勒住脖子了!丁丁被勒得喘不过气。

快来人啊!救命啊!

4 丁丁慌了,赶紧扯开嗓子,大声呼救。

用绳子在身上缠来缠去，那可是十分危险的呢！如果家里没有其他人，自己不小心被绳子缠住了，赶紧试试下面的办法吧！

①不要胡乱挣扎。

②尝试用牙把绳子咬断。

③遇上咬不断的绳子，要大声呼救，等待救援。

1 丁丁从楼梯扶手上滑下去，玩得很开心。

2 又开始滑第二次时，妈妈见了吓得脸都白了。

这样太危险了，万一掉下去，腿会摔断的！

3 妈妈不准丁丁这样玩了。

好的，妈妈，我下次不这么玩了。

4 丁丁不好意思地答应了。

把楼梯扶手当滑梯玩相当危险，弄不好会摔断腿。那么，楼梯扶手应该怎么正确使用呢？下图中的小朋友这样玩好吗？为什么？

1 丁丁在做作业，突然闻到一股烧焦的烟味。

2 丁丁转头看门，门缝里全是浓烟。

3 丁丁慌了，开门准备逃跑，却被门把手烫到了。

4 丁丁赶紧打开窗户，大声呼救。

小朋友，如果遇到家里起火，应该怎么办呢？快看看下面有用的知识吧！

①门把手太烫，不要开门出去，用毛巾或棉被塞住门缝或泼水降温。

②用湿毛巾捂住口鼻，把衣服打湿裹在身上，贴在地面爬到安全出口。

③火势太大冲不出去，应站在窗边挥舞衣物或打手电筒呼救。

1 丁丁一个人在家，听到门外传来敲门声。

2 丁丁走到门前细心询问。

3 丁丁透过猫眼看了看，门外是个陌生人。

4 陌生人见骗不了丁丁开门，只好走了。

安全一点通

小朋友，一个人在家时，突然有陌生人敲门，千万不可以盲目开门哦！

如何应对陌生人敲门

①从猫眼里观察一下，发现是陌生人时，可以大声喊爸爸妈妈，说有不认识的人在敲门，这样可能会吓跑坏人。

②不要轻易相信陌生人的话，爸爸妈妈没回来，坚决不开门。

③打电话请爸爸妈妈赶快回来。

④打电话向警察或者邻居求助。

41 有人在偷看我家

1 丁丁一个人在家看电视。

2 窗户上出现了一个黑影，好像有人在偷看。

3 丁丁悄悄走过去。

4 赶紧拉上窗帘，给爸爸打电话。

小朋友，当你一个人在家的时候，发现窗外有可疑人员在偷看，记得这样做：

1 把窗帘拉上，不让别人看到屋里的情况。

2 如果是晚上，把屋子的灯都打开。

3 把门窗锁好。

42 奇怪的"修理工"

咚咚咚……

1 门外传来一阵敲门声。

小朋友，我是来修下水道的。

2 门外的陌生人提着一个工具箱，但是没穿工作服。

是你爸爸打电话让我来的。

可是我家下水道没有坏啊！

3 丁丁挡在大门口，仔细地问了几个问题。

您在外面等一下，我给爸爸打个电话。

这小子还知道给家长打电话，我还是赶紧走吧。

4 丁丁说要给爸爸打电话，伪装的修理工马上溜走了。

小朋友，那些自称是"修理工""收电费""收水费"的人来敲门时，你一定要提高警惕。

①不要让陌生人进门，发现不认识的人赶紧关门。

②关门以后，给爸爸妈妈打电话确认，看他们是否找了修理工。

110

③如陌生人强行进门，马上拨打110电话报警或大声呼救。

1 电话响了。

叮铃铃……

小朋友，我是送快递的，你家里的地址是哪里啊？

喂

2 打电话的人对丁丁说是来送快递的。

送快递的怎么可能不知道地址呢？

3 丁丁心里觉得这个人很可疑。

我就住在××派出所对面啊，你直接过来就可以了。

4 丁丁想到了一个好办法，电话那头马上没了声音。

安全小游戏

小朋友，独自在家，接到陌生人打来的电话，你会怎么做呢？在正确的做法旁边打"√"。

谁 对 谁 不 对？

① 告诉陌生人："爸爸妈妈不在家。"

② 把家里的地址告诉陌生人。

③ 陌生人询问爸爸妈妈的工作地址，马上把电话挂掉。

1 丁丁很喜欢新买的仙人掌，一刻都不想离开它。

我们一起吃饭吧!

2 写字的时候也要把它放在桌子上。

我们一起写字吧!

3 看电视的时候也要把它放在沙发旁边。

哈哈，一起看电视真好!

4 没想到，打个小瞌睡，丁丁一下倒在了仙人掌上。

呜呜，有刺扎到我了!

别看小植物们那么安静，它们有的并不友好哦！除了有刺的植物不要靠近以外，那些外表漂亮，其实有毒的植物也不能太亲近哦！

夜来香：夜晚会产生大量废气。

水仙花：花粉会让一些人过敏，汁液会使人中毒。

夹竹桃：各个部分都有毒，汁液中毒性最高，可使人麻痹或死亡。

1 丁丁坐在地上玩玩具。

啊！发生什么事啦？

2 突然感觉屋子在晃动，头顶上的灯也晃来晃去。

3 不好，是地震了。

4 丁丁家住一层，他打开门赶紧往外跑。

屋子在晃动，天花板上的灯也晃来晃去，是不是发生地震了？突然遇到地震，该怎么办呢？一起来看看下面的方法吧！

①选择坚固又能形成三角区的地方躲避，双手抱头。

②不要躲在容易坍塌的地方。

③远离阳台、窗边和电梯，跑向空旷的地方。

④不要跳楼。

在家里

孩子的第一套安全自救书

编委会成员名单：

邓妍 许凯 彭凡 凌翔 姜文成 刘芳 邢国良 左志礼
郭思辰 陈文娟 周卓航 蒋琳 赵雪梅 胡雁汀 唐羽佳 雷金艳

图书在版编目(CIP)数据

在家里／彭桂兰主编．—北京：农村读物出版社，
2014.8（2018.12重印）
（孩子的第一套安全自救书）
ISBN 978-7-5048-5732-3

Ⅰ．①在… Ⅱ．①彭… Ⅲ．①安全教育-少儿读物
Ⅳ．①X956-49

中国版本图书馆CIP数据核字（2014）第176481号

策划编辑：黄曦
责任编辑：黄曦　　　　　装帧设计：花朵朵图书工作室

出　　版：农村读物出版社(北京市朝阳区麦子店街18号楼　邮政编码100125)
发　　行：新华书店北京发行所
印　　刷：北京中科印刷有限公司
开　　本：880mm×1230mm　1/24
印　　张：4
字　　数：100千字
版　　次：2018年12月北京第7次印刷
定　　价：20.00元

（凡本版图书出现印刷、装订错误，请向出版社发行部调换）